中国古家具图典录

【英】赫伯特·塞斯辛基 【法】莫里斯·杜邦 著

赵省伟 主编

孙向召 译

北京日报出版社

图书在版编目（ＣＩＰ）数据

中国古典家具图录 /（英）赫伯特·塞斯辛基,（法）
莫里斯·杜邦著；赵省伟主编；孙向召译. -- 北京：
北京日报出版社, 2023.12
（西洋镜）
ISBN 978-7-5477-4691-2

Ⅰ. ①中… Ⅱ. ①赫… ②莫… ③赵… ④孙… Ⅲ.
①家具－介绍－中国－古代－图集 Ⅳ. ①TS666.202-64

中国国家版本馆CIP数据核字(2023)第220250号

出版发行: 北京日报出版社
地   址: 北京市东城区东单三条8-16号东方广场东配楼四层
邮   编: 100005
电   话: 发行部: (010) 65255876
         总编室: (010) 65252135
责任编辑: 卢丹丹
特约编辑: 樊鹏娜
印   刷: 三河市兴博印务有限公司
经   销: 各地新华书店
版   次: 2023年12月第1版
         2023年12月第1次印刷
开   本: 787毫米×1092毫米   1/16
印   张: 11.25
字   数: 220千字
印   数: 1—5000
定   价: 98.00元

「出版说明」

本书由两部分组成，第一章为《欧洲旧藏中国家具》，第二章为《法国旧藏中国家具》。前者原书名为《中国家具》，初版于1926年，编著者为法国学者莫里斯·杜邦（Maurice Dupont），其中所录家具为欧洲各地所藏；后者原书名亦为《中国家具》，初版于1922年，有法文版和英文版两个版本。法文版的编著者为法国学者奥迪隆·罗什（Odilon Roche），英文版的编著者为英国学者赫伯特·塞斯辛基（Herbert Cescinsky），书中收录了法国旧藏中国家具59件。

一、《欧洲旧藏中国家具》中收录的家具与《法国旧藏中国家具》相比，风格一致（均以漆家具为主），唯一不同的是多收录了一件黄花梨交椅。

二、由于年代已久，书中部分照片已褪色，为了更好地呈现照片内容，书中所有图片均进行了统一处理。

三、为方便读者阅读与理解，我们对原书的照片进行了编号排序，并对图注进行了一定修改。

四、因已出版了增订本《西洋镜：中国园林与18世纪欧洲园林的中国风》（西洋镜第二十四辑），故将此书列为第八辑（原第八辑为《西洋镜：中国园林》）。

五、由于能力有限，书中一些家具无法写出准确的名称、发现时间以及尺寸，故全部在脚注中说明。

六、书名"西洋镜"由杨葵老师题写。

七、由于资料繁多，出版过程中难免有错误、遗漏，望广大读者批评指正。

编者

「目录」

「第一章 欧洲旧藏中国家具」

001 序言

「第二章 法国旧藏中国家具」

第一章　欧洲旧藏中国家具

「序言」

如果有一种文明的精髓表现为能从日常生活纷扰的景象中选出一个民族或国家的真实形象，能够历经时代沧桑变化而延绵不绝，并且带有不朽灵魂的生命印记，那么这种文明必定非中华文明莫属。不必做准确的学术探究我们也可以知道，中华文明经历了多个世纪的风雨，始终在执行着她传承辉煌传统的任务。

只可惜，这很少得到世人的关注，因此，出于对中华文明的进一步了解，我们编撰了这部与中国家具有关的书籍。在这样一个秩序井然的文明中，滋养民族精神的养分毫无意外地同样渗入了家具艺术这一狭小的领域中。而翻阅这本书的每一位读者，都将会接近那生生不息、令人肃然起敬的中国灵魂。

有一种象征主义，它依托于艺术形式，也依托于心灵的情致。它以内心为图，将那些情致生动地呈现在日常生活中。纯抽象与非感性的东西在艺术中是没有容身之地的，历史上也曾经有过艺术贫乏的时代和碌碌无为的艺术流派，其不幸就在于千方百计地做毫无希望的冒失尝试。

现在，让我们沉浸到艺术中，沉浸到简洁、纯粹的线条中，沉浸到这些线条所构成的空间中，让中国艺术引领着我们进入空间与平面的分割。这种分割是完全自然的，它融汇了精神意义，绝非个人所能达到。这也启发了我们对社会、道德、审美、政治、民族等崇高价值的认同感。个人的表达虽多姿多彩，但往往偏离规则，不是百分百的可靠，因此在这里，个人表达必须要让位给那些非个人的、隐姓埋名的理性表达。而理性往往以其冷静和强大的力量藐视一切不必要的花哨装饰，于是艺术便能够维护自身，特别是避免了触觉的瘫痪，更避免了自己投身于那些毫无效果的手段中。

这项事业之前并不是没有受到过关注，所以我们今天把注意力重新聚集于此也是值得的。中国的艺术是一门贵族艺术，我们总是把这种艺术和一种充满理性且精致罕见的文明联系在一起。要想发展这门艺术，亦或是不受干扰地展示这门艺术，并不需要上帝所眷顾的安康盛世，也不需要免除一切危险的和平年代。哪怕地方割据、混战频仍，各方势力只知道沉湎于派系斗争和骄奢淫逸的生活而饱受诟病，但对于艺术家而言，这反倒成为了他们创作的催化剂。不过那些贵族阶层也知道要在千百年之后留下体面的功绩以光耀门楣，因此他们也会在古老的传统中寻找出一个标准，以便留下符合他们需求的文化。

早在绘画、雕塑和其他审美艺术之前，家具艺术就已经实实在在地成为了这种严整宏伟、非个人的、包罗一切力量的受益者和施予者，因为家具艺术特别适用于展示显赫的身份地位，且无论何时都能在其框架上做精心修饰。家具艺术以其外形为特色，这种外形往往又与所有者的身份地位相称。

为了对抗时代和品味的变化，必须要保持一种严谨、庄重、冷静的审美理解力，使之从容地活动于静态法则和平衡规则的影响之下。而另一方面，要像努力做出亲切可爱、吸引人的幸福微笑一样，寻找适用于一切场合的委婉表达形式来掩饰短处，例如刷漆、镶嵌或雕刻。

这就是中国的家具艺术，其中存在两极，但美轮美奂的装饰效果会在两极之间聚集。究其根源，中国式艺术的强大逻辑得益于源远流长的民族文明，其艺术才能的施展显现出高度的自由、自主、自然，不带任何的牵强色彩，丝毫不会给人矫揉造作之感，因此狭隘的、纯粹人为摆弄的艺术伎俩根本与之无缘。这种自然的效果保证了艺术不会脱离实际，成为"无根之木、无源之水"，更不会脱离历经千年传承至今的教化。

中国家具的历史有待于从头开始完整地书写。就我们目前所知，千年前就已经出现了成规模的奢华家具，而金、银、美玉、贝壳、宝石等饰物更是应有尽有。此外，在那些几近传说般神奇的朝代中，宫廷里已有专门从事木器加工和制造的工匠了。然而，经过诸多方面的考察，最有趣的问题莫过于：本已习惯了席地而坐的中国人，从何时起，出于何种原因开始使用椅、圈椅以及其他类似家具，由此放弃一直沿用的矮几案，代之以高型桌案。遗憾的是，我们现在缺少对此做出详细、准确说明的文字记录。《周礼》上曾记录过精细木工的有关事迹，当时这类工匠被称作"梓人"。书中还记载了不同时间对木器适当的加工处理知识，比如如何烘烤将其弯曲成恰当的形状；如何将其浸泡在水中；如何断截；如何操作圆规、角尺、铅垂线等工具；甚至于如何为各个家具的组成部分精心配选木料。工人们使用的胶料也有许多种类，分别取材于鹿皮、马皮、犀牛皮以及鱼皮，他们的手段十分高明，能够防止涂上胶料的平面受污或变得粗糙不平。此外我们还知道，早在油漆技术达到完美之前，皇家的精工木匠就已经懂得了如何使用清漆，明代晚期（17世纪）以及之后时期的家具就证明了这一点。古代的中国人明显地偏爱明亮、透光度高的油漆，因此中国家具编年史不妨以此作为一个时代的分界线。

对于我们西方人而言，最有意思的事情莫过于回顾研究中国艺术灵感的动力来源。即使是对于现成作品的仿作，中国人也独具特色，而且总是能够做出更为丰富的装饰，从康熙和乾隆时期随意挑选出某件家具就能充分证明这点。

以此视角来考察一下四方矮桌系列。这种桌案是给诸侯贵族使用的，配以盛放枣和栗子的小篮。在一些庄重场合，比如郊射^①、冠礼仪式上使用的桌案，这些桌案上会摆放盛有甜酒或新酿酒的各种陶制容器，以及用于祭祀的大块牲畜肉。而那些增高的供桌，或为木质，或为陶土上釉，人们或将空酒杯倒置其上，或摆放写着达官贵人姓名的玉牌。这些新奇又别具情趣的形式和应用，皆源自于事物富有逻辑且单纯的本质。我们的家具艺术和装饰艺术难道无法从中获得启迪吗？

这样的评论同样适用于带有支架的食物柜架。它们既有诸侯与高官显贵的专用之物，也有天子的御用之物。根据当时的礼仪，诸侯或重臣可拥有十件食物柜架，寻常官僚只允许使用陶土制的加高祭祀桌和橱柜，后者用来陈放盛装礼服以及日用服装。按照规定，箱柜必须安放在几案旁边。几案水平方向纤长的线条以及宽大和谐的矩形表面体现了它的装饰价值。

能给装饰艺术家带来最富成果的创意，并且从更进一步的思考中给他们带来意想不到的收获的，是一种对整体布局精神的深入思考和研究。这种布局构建出了一种象征含义：一种由秩序体系合法化的、有意义的结合，具体的表现可参见皇帝的御座，御座后面矗立着一面五扇屏风，仿佛一堵保护墙。

毫无疑问，我们已经看到了艺术的顶峰，对于那些在肉眼之外的精神层面也有所发现的人来说，这种神圣、庄严、充满神秘的东西就是一件杰出的作品。这件作品与它的实际意义完美融合，或许，在那个谛听着宇宙元素的内在平衡的节奏面前，在一个小宇宙^②面前，在一个永恒的宏观宇宙的镜像面前，我们确实感受到了该作品存在的意义，而这一切，距离我们枯萎的思想世界、我们为满足个人虚荣的贫乏追求又是何等的遥远！

艺术家以皇家艺术为蓝本，也许真的会创作出宏大、不朽的作品来。我们愿意带着满腔热情去追随他们，不论他们想要将我们领向何处！

遗憾的是，皇帝的御座消失了，人们对他的回忆也被时间渐渐磨灭了。只有那扇屏风依旧挺立，摆脱了皇家觐见仪式的强制力量后，它反而愈加伟岸。那上面不见了黑暗的斧纹装饰，不见了暴力统治的符号，也不见了专属皇家的金黄颜色。现在，它上面开始安装小小的门洞和窗龛，作为大厅与起居室的"分界线"。尽管如此，它依旧不能抛开高贵的出身，它修长、伟岸，哪怕有时为遵循设计规定不得不略微放低身段，它也依然保留着独属自己的印记。艺术家们陶醉于它美观的外表，用价值连城的红色、黑色的漆工艺将它修饰得完美无瑕；它或明或暗，但所着色彩总是完美得无可挑剔。它有生命、有灵魂，在昏暗的房屋中，散发着幽幽的光，就像茫茫宇宙中一颗朦胧的尘星。美妙的幻想正生机益然地浮现在这抹神秘的微光背后，虽然它暗哑无声，虽然它一动不动，但却能准确勾起人们对童话王国的想象，诸神、人类、动物、植物、山川等

---

①周制，天子出郊祭天，于射宫命士习射，以选拔人才。—— 译者注
②指人。—— 译者注

都被一股脑地放进了这个世界——一个天才的创意,虽然在其创生阶段几乎是一片迷乱,但却总能释放出秩序和安宁的气息。

中国艺术从代表着福祉和长寿的文字中,创造出了一种装饰的母题,中国人显然非常乐于将该母题应用到各种艺术作品中。此种处理并非没有依据,因为这样的装饰正是绵延不绝的象征,在必然的、严格规定的框架之下,中国家具以惊人的规模向我们提供了相应的画面:此种象征是一种欢乐的象征,这种欢乐一心要把自己从严酷和不可避免的强制力量中拯救出来,进入一个豪华装饰的狂欢世界中,进入一个自然天性的呈现状态中,在此状态下,最奔放、最不受拘束的幻想可以充分打捞非现实与梦幻。而这些,正好能够帮助我们深入洞见事物最内在的绝对真理。

图1.刻纹漆彩绘柜。明代或清代康熙初期

图2.图1局部

图3.刻纹漆彩绘柜。明代或清代康熙初期

图4.图3局部

图5.褐漆描金彩绘橱。明代

图6.褐漆描金彩绘橱。明代

图7.刻纹漆描金彩绘橱。明代

图8.褐漆螺钿①橱。明代

---

① 螺钿又称螺甸、罗钿等，为用金翠珠宝等制成的花朵形首饰。以金、银、贝壳之类镶嵌的器物。 —— 译者注

图9.红漆描金龙纹橱。清代康熙时期

图 10. "科罗曼丹" ① 漆橱。清代康熙时期

---

① "科罗曼丹"（Coromandel）漆器绝大多数都是扬州款彩漆器。因16世纪海上丝绸之路的贸易中转枢纽位于
科罗曼丹，而当时的卖家又对漆器的来源缄口不言，于是西方人便把它叫作"科罗曼丹"。—— 译者注

图11.镶螺钿橱柜^①。明代

---

①一说柜格。—— 译者注

第一章 欧洲旧藏中国家具

图12.黑漆描金橱柜。明代万历时期

图13.刻纹漆彩绘柜格。明代

图14.柑橘色漆彩绘橱。清代康熙时期

图15.刻纹漆彩绘柜架。清代康熙时期

图16.漆龙纹案。明代

图17.红漆描金供桌。明代

西洋镜：中国古典家具图录

图18．黑漆描金彩绘供桌。明代

图19.刻纹漆彩绘桌。明代晚期

图20.刻纹褐漆彩绘桌。清代康熙时期

西洋镜：中国古典家具图录

图21. 刻纹漆彩绘桌。清代康熙时期

图22.刻纹漆彩绘高桌。清代康熙时期

图23.黑漆描金桌。清代乾隆时期

　　　　　　　　西洋镜：中国古典家具图录

图24. 大桌。清代乾隆时期

西洋镜：中国古典家具图录

图25. 黑漆描金几。清代乾隆时期

西洋镜：中国古典家具图录

图26.黄漆描金案。清代乾隆时期

　　　　西洋镜：中国古典家具图录

图27. 金漆高桌。清代乾隆时期

图28.髹漆螺钿几。明代

图29.黑漆描金雕刻香几^①。明代

———————————
① 香几，放置香炉的中国传统家具。——译者注

西洋镜：中国古典家具图录

图30.黑漆螺钿桌、椅、凳。清代

图31.刻纹漆彩绘花鸟纹扶手椅。

明代晚期

图32.刻纹漆彩绘扶手椅。明代晚期或清代初期

图33.刻纹漆彩绘圈椅。清代康熙晚期

图34. 有錽①银配件的黄花梨交椅（未上漆）。清代乾隆时期

①錽（jiǎn），指一种金属工艺技法。其具体做法是在金属胎上先以斜刀錾出横竖阴线，然后把薄金片或银片置于金属胎上锤揲，使金、银片的背面深陷于胎体上的阴线之内，待打平磨光后，金属表面就形成一层平滑光亮的金饰或银饰。—— 译者注

图35.镂空雕刻，黑漆描红漆、褐漆御座。明代晚期或清代早期

图36.宝座（乾隆皇帝给子爵的御赐品。按通例，受此恩赐的达官显要只有在皇帝到访时才能用此宝座）。清代乾隆时期

图37.髹漆宝座（刻有丰富的象征主题，例如吉祥、忠诚等，在中国人所喜用的红色主调下施
多重色彩，出自紫禁城）。清代

图38.乾隆皇帝御用围屏（出自紫禁城）。清代

图39.「科罗曼丹」漆围屏。明代初期

西洋镜：中国古典家具图录

图40. 配有围屏的红漆描金宝座
（庙堂用具）。明代

图41.褐漆彩绘插屏[1]。明代

图42.髹漆雕刻床（雕刻内容为中国人日常生活场景）。清代

图43.髹漆雕刻床（雕刻内容为中国人日常生活场景）。清代

图44.髹漆雕刻床（雕刻内容为中国人日常生活场景）。清代

图45.髹漆雕刻床（雕刻内容为中国人日常生活场景）

图46.图45的局部图

图47.金漆彩绘屏风（图中后方）。明代。
髹漆小靠背椅、小桌、小凳（图中前方由左至右）。明代

图48.黑漆彩绘屏风（上绘有图案，且注有日期。此屏风是为一老妪而做，表彰其子
为官刚直秉正。其上图案寓意吉祥、长寿）。清代康熙时期

图49.图48的另一部分

图50.图48的另一部分

图51.黑漆彩绘屏风。清代乾隆时期

图52.图51的另一部分

图53.图51的另一部分

图54.金漆彩绘屏风（上部绘有反映中国的十二景，背面绘有首批荷兰人踏上中国土地时的情景）。清代康熙时期

图55.图54的另一部分

图56.图54的另一部分

图57."科罗曼丹"漆小屏风（其上所绘主题为到达中国的首批荷兰人）。清代

图58.图57的局部

第二章　法国旧藏中国家具

「序言一①」

长久以来，欧洲认识中国艺术的方式与他们认识日本艺术的方式一样，都仅仅是通过一些小工艺品，例如玉器、水晶制品、象牙雕刻、漆盒、锈迹斑斑的青铜小件、景泰蓝以及彩釉瓷器。这些近几个世纪的作品，小巧玲珑却不乏魅力，在商人和收藏家眼中，它们概括了中国艺术创作的全部。

直至今日，中国艺术漫长的历史和卓越的发展过程才一点点被我们所知。在自今往前重新构建其艺术历史的过程中，我们相继发现了青铜器、出现在彩陶之前的简约陶器、4世纪至16世纪间不断绽放光彩的主流画派的作品、魏朝和唐朝的巨大石雕。更让人惊喜的是，除去收藏者长久以来津津乐道的贵重、精巧的中国艺术之外，还存在着一种截然不同的中国艺术，其最突出的特点便是简约庄重。

中国家具就是我们的最新发现。

中国的漆制屏风也许很早以前便登上了欧洲大陆，但因当时习惯，一直被称为"科罗曼丹屏风"，这一传统且荒诞的称谓使得这些精美作品的起源扑朔迷离。直到最近十年，巴黎的收藏家们才认识到中国家具的价值，并逐渐汇集了最为经典的代表作品。而本书，就是此次经典作品的集合。

即使是与装饰奢华的多扇屏风相比，床榻、圈椅、桌案、柜橱，这些家具也毫不逊色。它们有一个共同的特点——朴实。既无任何淡化家具棱角或过分显现凸起部分的雕饰，又无任何阻断家具表面连贯的孔槽。虽然没有日本细木工热衷追求的那些精巧对称的装饰细节，但也因而避免了破坏家具立体空间上的平衡和稳固。这些立方体的中国家具虽然外表粗短敦实，但在空间中却投射出了非凡的气势和活力。

我们来看桌案和橱柜。桌案一般由狭长的矩形平台构成，以截面为正方形的四脚做支撑，上部呈现粗线条的弯曲，有时看上去形似结实的涡形脚桌②。而橱柜则是简单的立箱，有两扇门扉，样式上鲜有变化，橱柜内部或空，或由木板隔断，两扇门扉有时不会直接相连，而是合靠在中立柱上，有些橱柜的底部会带有一个硕大的抽屉。而最为壮观的衣橱则是在顶上放置另一个并不很高但等宽等深的立箱，同样有两扇门扉。反观我们自己，中世纪的家具却从未展现出如此充满趣味的乡土特色。

在中国家具中，与简约形式相结合的总是丰富的材料和华丽的装饰。中国家具很少使用未经处理的原木，为了让木料能够抵御恶劣天气的侵蚀，尤其出于防潮的目的，

①序言一为法国学者奥迪隆·罗什编著的法文版《中国家具》，即后再版的《法国旧藏中国家具实例》的序言。—— 编者注
②指18世纪用于装饰的一种法式家具（半边靠墙），也译作"托架"。—— 译者注

中国的细木工几乎都会为家具涂上黑色、红色或浅黄褐色的漆。这种漆料本身就令人赏心悦目，可任凭画匠创作，而其所具的可塑性又能令雕刻家或镶嵌工大展身手，同时使工匠的创作成果得到永久保存。于是，家具便呈现出多种多样的装饰：透明漆釉下清晰可见，或雕或绘而成的简约线条装饰；由金属粉末及研墨的染色物质混合，覆以多层漆面，再精心抛光打磨的凸起装饰；使用铅、锡、金、银、珍珠、琥珀、象牙及珊瑚等最闪亮的材料，做成熠熠生辉的镶嵌装饰。有时甚至不需要进行任何修饰，光滑的表面因其浓郁的暖色调和深邃的光泽便能散发出家具独有的魅力。

更值得一提的是装饰与家具本身的完美契合，绝妙地顺应了家具的轮廓和形状，完全符合家具的用途和特质。桌案通常十分简约，即使配以复杂的装饰，也不会把桌体宽大的平面分隔开来。对于橱柜而言，装饰则展现在可以活动的部分，如门扉或抽屉前部，而支柱和整个家具的固定构架却不加装饰或仅配以低调的装饰。相反，在屏风这类纯粹以装饰为用途的家具上，装潢得到了极致的呈现。屏风（六、八或十二扇的屏扇）正面为巨大、连续的主题所占据，或人物故事，或山水风景，或花鸟图案，均被一一展现在富有光泽的板面上。屏风背面的装饰则常常被分隔成一系列长方形、椭圆形或扇形的小面板，重复且繁多的边饰均是象征中国元素的图案：吉祥的文字、神秘的八卦图、琴棋书画用具、道教和佛教祭品、四季花卉及寓意长寿的植物。其中最优秀的作品——屏风，整体构成了光彩四溢的色彩仙境。

如果可以，我们希望这本家具汇编书籍不仅只是吸引业余爱好者。以四脚为支撑的桌案，绝非是向平衡原理和重力法则提出的大胆挑战。橱柜就是橱柜，不会与搁物架、碗橱或书柜混为一谈，总而言之，家具只是家具，仅此而已。在我们看来，这是一个伟大且惊人的创新之举。一件家具，在严格遵循指定用途的同时，也可以展现出构成其真正美感的元素，而样式的实用简约又可以与材料和装饰的奢华实现完美的协调统一，这便是中国的能工巧匠所传授给我们的。从这点来看，在此汇集的中国家具为工匠提供的，除了可以仿照的家具样式外，还有值得深思的哲理。

「序言二①」

    我们近年来所了解的关于中国艺术的知识只是凤毛麟角。来自北京、南京、广东、福州、厦门，乃至欧洲本地的瓷器、漆器、刺绣、木器、毛毯以及其他产品，多是在英国东印度公司和荷兰东印度公司成立后出现的，但有一些却是很久之前就发现了的。伊丽莎白女王统治时期之前，东方艺术品就通过诸如威尼斯和热那亚等贸易城市来到了西方。1600年，英国东印度公司获得准许，与东方的贸易日渐频繁起来，但此时我们对于中国或日本的艺术品知之甚少，时常会将它们混淆（事实上在东方艺术研究中它们有着本质的区别）。以至于1641年发行的《东印贸易：关于东印度不同港口的真实描述》一书中，提及日本出口"各式各样的漆制品"的同时，还强调"通常被带回欧洲的商品涉及柜、小床、橱，以及形形色色的家居用品"。

    古文献中很少提及中国，只能偶尔见到一些关于华夏②的记载。日本的影响更大一些，也是因此我们才会用"Japanning"或者"Japan work"来命名漆器。类似的例子有许多，比如在欧洲，某类器物的名称，通常使用这类器物的中转贸易站来命名，而非它们的原产地。早期的款彩漆器（原产地一般是中国）便被命名为"万丹工"，这是为了纪念荷兰商人在爪哇岛的贸易站万丹③，此地距内陆9英里（约14.5千米）多，1817年被西冷④取代。

    尽管这些器物已经出现在了这个国家，工匠们也会在屏风、方柜等家具下方安装描金雕花底座，但人们对这些东方漆器的了解依旧不多，这便给了一些自诩"漆器"专家的江湖骗子可趁之机。"金球"⑤的约翰·斯托克和牛津的乔治·派克在1688年出版了一本小册子，书中在介绍了所有艺术品后，于《给读者及从业人员的一封信》中强调了"贵族和上流人士通过拥有一整套'日本漆器'来彰显其身份（这些冒牌专家是如此的势利），与之相对，其他人只能满足于一件屏风、一个化妆盒、一个海碗⑥，或者是某个无人知晓的老物件"。

---

①序言二为为英国学者赫伯特·塞斯辛基编著的英文版《中国家具》的序言。—— 编者注
②原文中"Cathay"一词可能源于"Khitai"或"Khitan"，可直译为"契丹"，古代西方通常用其来表达"中国"，为避免歧义，本文将其译为"华夏"。—— 译者注
③万丹（Banten, or Bantam），16世纪后期至19世纪初期统治爪哇西部的伊斯兰教王国的中心城市。《明史·外国列传》爪哇条和张燮的《东西洋考》中均称万丹港为下港。—— 译者注
④印度尼西亚万丹省省会和最大的城市，属于雅加达都市圈的卫星城。—— 译者注
⑤"金球"大概为伦敦圣詹姆斯市场某地名 —— 译者注
⑥古时用来盛接饮食用的器皿，口大底小，底有碗足，多数为圆形。材质工艺会随着时间发生变化，但用途一直未改变。—— 译者注

本书要介绍的正是这些所谓的"老物件"。在详细解释书中的图例之前,笔者想简述一下中日两国的漆艺,特别是两国艺术作品的不同之处,以期对读者有所裨益。

　　东方的漆是天然漆树的树脂(漆酶),为漆树科漆树属。从树上新渗出的漆是可溶的,但干固后即便是强烈的介质(诸如酒精)都无法影响它。欧洲漆器中有号称仿制者,却只是简略地画一些装饰性的图案。这还算好,更次者便是草率涂鸦,使用虫胶漆在物品表面弄出一些光泽来,实在拙劣得很。

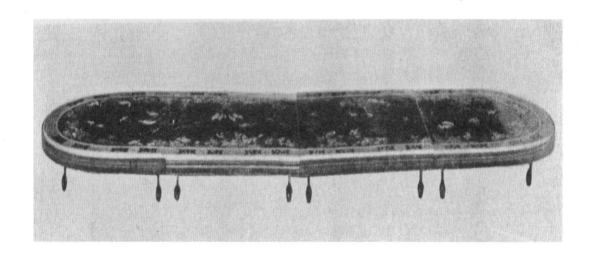

插图1 平几

　　插图1、插图2所示的平几是欧洲工艺漆器中较为罕见的例子，不过，虽然它的制作工艺相当成熟，几乎可以与中国或日本作品一较高下，但即使如此，在东方的概念中，仍然称不上真正的漆器。

插图3 "中国柜"

　　在此简要介绍一下中国家具和日本家具的主要区别，插图3这件放置在描金雕花底座（英国制造）上，被称为"中国柜"的作品可做示例。许多诸如此类叫作"中国柜"的作品，实际上都来自日本。底座支撑腿分为弯曲和直柱两种。底座能使柜子与地面保持3英尺（91.44厘米）距离，通常的处理方式是腿足上端以牙板①固定，使底座保证橱柜的稳固性。

　　这一点恰好引出了中日家具间的第一个区别：中国人坐在椅或凳上，而日本人则席地而坐。于后者而言，每件家具都需要依照比例降低高度。日本人的坐姿使得他们相对于中国人而言，正好低了3英尺。

---

①牙板是与家具的两腿足相连的板材，在家具中起到支撑和装饰的作用。——译者注

插图4 日本清酒杯

中日漆器的另一个重要区别只有在对两国产品有细致的了解后才能够充分体会。显而易见，时代越早的漆器越难以理解，正如早期英国橡木制品上玻璃光或蜡光[1]的效果，通常被称为"patine"[2]，这实际上是历经了几个世纪的使用后，时间赋予它们的柔和光泽与稳定外貌，并不是它固有的，就像同时期的中国漆器。这对于现在能够熟练制作日本漆器的漆工来说，或许还有些神秘，但就漆而言，它的使用只不过是一个过程：将漆倒于器物表面，使其均匀流动（注意要避免出现气泡），仔细地覆盖于器表，最后用灰条、软皮或手推光。高档的日本漆器，特别是有一定年份的作品，比如在许多售卖东方器物的店铺中可以见到的日本清酒杯（插图4），明显是长时间的精工细品。即便上了许多层的漆，依然有着令人惊叹的薄度，即便破碎，也无法从漆器断面看到明显的厚度。日本人是极其严谨的，做漆器如此，其他方面亦是如此。而中国漆器，特别是明代制品，尽管没有那么精细，却极富艺术性。在许多实例中都可以发现工匠有意地在第一遍漆干之前髹以第二遍漆，因此才会出现那样令人如痴如醉的漆面。这类器物的漆层数较少，但漆的薄厚却能保持一致，这样坚固的表面是日本漆器难以企及的。

①对橡木家具起到保养作用。—— 译者注
②意为古木器上的光泽。—— 译者注

这类漆器的制作并没有什么惊天秘密，只需在制作过程中保持高温干燥的环境。但正因如此，与中国和日本相比，欧洲在漆器制作上有着天然的缺陷。在烘干或加热技术出现在西方后，工匠们以这种方法模仿东方的环境来处理漆地①。这在中国来说，只是条件不允许下的权宜之计。还有另一点让我们不可思议的，是东方工匠在制作这些作品中付出的漫长时间与极大耐心。他们的人工成本似乎微不足道，就像15世纪前的哥特式木工，那个时期食物经常被计入雇佣成本中，但却十分便宜，几乎可以忽略不计。但这种可以忽略不计的成本却恰好是能完成这种大型作品最为重要的因素，比如温彻斯特大教堂②和切斯特大教堂③的工程。当工资在生产成本中占有一定比例之后，我们便进入到了商业时代，而此时的艺术创造囿于成本而江河日下。

但纵观整个英国手工业发展史，从来没有达到东方艺术那样尽善尽美的水准。即便是18世纪晚期的日本工艺品（此时的日本已完成了商业化进程），例如清酒杯、橱柜、剑锷④、坠饰或类似的小物件，依旧是无可挑剔。黑漆或彩漆的杯子看不出任何加工痕迹，仿佛漆是凭空出现在器表上的。

许多的中国艺术品都要耗费数年时间来完成，寻求一种克服一切困难、将不可能变为可能的喜悦。这种情况并不仅存于艺术领域，在外表与价值上也是如此。举几个例子：在东方市集上经常可以见到那种镂空雕刻的象牙球，通常有九层或十二层，纯手工雕刻，一层套一层，这种技术与耐心无不令人称奇；玉、水晶或坚石所制的香炉，需要在表面刻画极细的纹饰；水晶小泪瓶，它的内径只有近八分之一英寸⑤，而内部还绘有精致的人物或风景。在西方人看来，只有中国人将自己变作显微镜才可能完成这项工作。我们很难区分中国艺术品水平的高低，因为它们看起来几乎同样完美。

令西方人难以理解的还有中国艺术风格的稳定性。在我们的文化中，时尚千变万化，我们可以根据某件物品的艺术风格将其定位在一个很短的时期内，误差不过十年，但中国艺术仿佛恒久不变，这远远超出了我们的概念。当世界上其余地方还是一片荒芜之时，中国已经形成了高度发达的文明，不同的帝国与新的文化起起落落，中国却始终如一。诚然，由于港口开放和中西交流这些因素的影响，中国自明代开始有了一些变化，但依旧非常缓慢。在16世纪之前，华人十分罕见，移民和进入中国的外国人也是极个别的，人们对于这个人口众多的庞大国家几乎一无所知。借助我们目前关于中国艺术的浅薄认识，我们可以发现它们从汉代到宋代乃至明代或清代康熙、乾隆年间的变化，但当我们将视野放宽至一千年甚至更长的时间时，由于艺术品实例的稀缺，变化

①漆地也可理解为漆底，黑漆家具即以黑漆作地，上可描绘各种花纹、图案。—— 译者注
②温彻斯特大教堂（Winchester Cathedral）又名温彻斯特座堂，英格兰最大的教堂之一，位于汉普郡的温彻斯特。—— 译者注
③切斯特大教堂（Chester Cathedral）位于英格兰切斯特，是圣公会切斯特教区的座堂。—— 译者注
④指剑身与握柄之间作为护手的突出部分，有防止手滑到剑刃上导致自伤、格挡来剑或美观之用。—— 译者注
⑤即3.175毫米 —— 译者注

就会非常显著。中西方的古代艺术，一个像是缓慢崛起的庞然大物，一个像是不断发出嗡鸣的昆虫。

在一定的条件下，中国人也能够调整自己，以便迅速地适应生活环境。当东印度人装载着茶叶和辣椒并将本地物品诸如咖喱，甚至仅是压舱物品引入中国时，几乎没有遇到任何来自传统的阻力。当西方时尚需要一些新点子时，无论是漆器、木器、金属、玉石，或瓷器，中国工匠都能够迅速做出反应。整个18世纪，中国艺术深深地影响了西欧的工艺品制作者们，而中国的匠人，也受到了同等程度的影响。那些新奇的物件运往中国后，被复制或加工，我们从东印度公司的装货清单中可以得到很多线索，例如不少漆家具的结构是西方的，但装饰却是中国的。欧洲艺术品经常被模仿，特别是在一些法国藏品实例中，家具都是地地道道中国所制，但设计灵感却来自英国、荷兰或法国。这可能是欧洲将家具样式提供给中国制作的结果。

即使中国人为了迎合西方人的品位在样式上有所调整，但装饰上却仍旧维持中国的风格。传统艺术总会发展至高度程式化，这通常是无法避免的，东方风格的那些装饰主题正好佐证了这种倾向。这种倾向导致了现在我们很难对瓷器和漆器做准确的断代，除非像已故的拉金先生那样，有着广博的中国艺术知识以及无可匹敌的经验。即便经过漫长的学习，情况依然比较复杂，因为中国的艺术家们会频繁地按照已有的样式与图案仿制，比如康熙时期关于明代的仿品就有很多。这不仅要求工匠熟知历史，还要能准确模仿不同朝代的款识①，这样的例子在许多漆器上都可以见到。而那些大型屏风，除非证实是某位高官私人订制，否则即便背面有款识，也难以辨别其年代的真假。根据已故的威廉·奈尔先生的观点，出于外销目的制作的漆器反而更为安全。

另一个能够理解中国设计的重要因素是几乎所有古代的甚至有些陈旧的艺术品，都会将注意力投向实际装饰而不是造型。中国艺术家们非常喜欢大的平面或者方形的物件，他们对于光影并没有进行煞费苦心的尝试。这是中国艺术相较于印度斯坦艺术来说非常显著的一个特点（印度和中国在气候上很相似）。塔的样式是一个例外。但即便是塔，更多的也是由中国艺术品的模仿者频繁制作，而非中国本土艺术家。中国艺术品尤其是家具，由于缺乏规律，使得西方人难以理解。也正是这种不理解，以及时间和人工成本的限制，让那些浮于表面的拙劣仿品出现在了市面上。

在欧洲人的观念里，中国的木结构是与众不同的。我们认为两个金属构件可以通过焊接结合在一起，构件在力上没有损失，但如果是木制榫卯，开槽或者榫接后的力通常会被极大地削弱。这就使得我们会挑选体积更加粗大、质地更为坚硬的木材，比如橡木、核桃木或者桃花心木。但中国工匠却热衷于使用软木，如同我们喜好中国漆器。对于诸如花瓶或碗托这样的器物来说，并不需要太强的应力，因此工匠们更愿意

---

①款识，在瓷器的底部或其他部位，往往有表明年代、窑名、人名、堂名，或表示赞颂、祝愿等内容的文字，也有的器底或器里有某种识别的图案，这些统称为"款识"。——译者注

选择天然木材，尤其是类似花梨木一类的木材。用软松木来制作家具，其结构通常十分复杂：横向或垂直做出隔断，然后用榫卯连接，这样也不会损失力。无论是细节还是整体，这种做法都像是西方的构造。在中国的气候环境中，木材比在欧洲更容易处理，物品表面覆盖的漆能够有效地将木胎与空气隔绝。因此，在漆层没有被破坏的情况下，中国家具能够很好地保存至今。

插图5 屏风

插图6 屏风

插图7 屏风

插图8 屏风

中国人对于所用漆的保护功能有很强的信心。许多高屏风，特别是明代或清康熙时期的屏风（如插图5—插图8），木质是软的中国松木，两页屏风间仅以暗销相连，不会使用任何黏合剂。如果没有厚漆层的保护，在欧洲的气候条件下，屏风会在很短的时间内支离破碎，但有了这层漆，它便从1671年（即屏风背面所刻时间）一直保存至今。灰色木板上的半透明褐色厚漆层、深雕纹饰，尽管它具有明代作品的所有特征，但根据刻在第四页屏风后面的中文，这其实是一位学生送给恩师的礼物，他的名字刻在了屏风最左边的页上，以上的证据证实了这件屏风是清代制造的。以前也以龙爪数量作为判断依据——五爪龙属于皇帝，四爪龙属于亲王，三爪龙属于一般贵族——但在康熙皇帝统治的前十年里，这一判断观点并不适用。

中国人对于呈色的处理不比漆地。例如这件屏风，雕漆的图案是在漆地而非木材上，许多英国仿品也是如此。它的做法是雕刻至灰层，然后再上色。屏风上那些重量比较轻的颜色可以保持很久，但是那些比较重的颜色，尤其是朱砂色，会因为重量的原因脱落，金属部件也有这种问题。

由于许多因素，特别是后代对前代的频繁效仿，部分欧洲权威对中国家具断代有偏早的趋势。事实上，目前没有太多确切的证据，能将某件作品定位到明代或是17世纪初。中国家具艺术在1500—1720年间达到顶峰，但技术领域的顶峰还要晚些，大致是在1725年直至18世纪末，而这一时期的墨彩瓷器[①]和粉彩瓷器也极为出众，尽管绿地粉彩[②]的生产高峰是在1665—1720年之间。

插图9 剔红宝座

---

①瓷器装饰彩的品种之一，以黑色为主，兼用矾红等彩料在素器上描绘图案，经彩炉烘烤而成。—— 译者注
②明代景德镇创制，以绿彩为地，再以粉彩绘制各种纹饰。—— 译者注

插图10 剔红宝座局部

比起这些稍晚点的漆器作品，最为出彩的当属剔红漆器①（有时被误认为是"珊瑚"）。没有任何一件作品能够超越现存于维多利亚及阿尔伯特博物馆中的乾隆时期（1736—1795）剔红宝座（参见插图9、插图 10），这件作品工艺精巧且装饰华丽，存世作品几无一可与之相较者。

中国和日本都会使用这种朱砂漆，而中国自16世纪早期便开始制作。明代早期的这种漆器，其红色通常要比清代的略深，光泽度也较高，不过这两个特征很可能是时间烙下的印记而非最初的设计。即使是早期尚未使用朱砂的作品中，也没有发现哪件作

①剔红又叫雕红漆、红雕漆，指在胎坯上涂几十层红漆，漆半干时描上画稿，干后顺着画稿进行雕刻。此种雕刻技法在宋元时期成熟，在明清时期逐渐发展。—— 译者注

品是明显的黑色。在日本漆器作品中，这种重朱砂以最合适的数量作为添加剂混入，从而使得漆器即便暴露在阳光下也不会变成棕色或黑色。与之相对的，清朝的朱红漆器在同样的阳光下颜色不仅不会变深，还会"褪色"。尽管日本剔红漆器在与中国漆器的竞争中一直略逊一筹，但在光泽度及标准化方面都要高于中国明代以及清代的作品。日本还有一种工艺：漆层通常会嵌入其他颜料、水晶或各类玉石，使其轮廓更加分明。在这种工艺上，日本将自己视作无与伦比的模仿者，但就其早期作品来看，说它们是创造者更加准确。

插图10展示了乾隆宝座上的其中一个扶手。中国的榫卯前文已有赘述，通过此图可进一步了解其中的奥妙。

本书中所有图片中的作品皆为中国手工制作，但其中许多样式的灵感可认为来自欧洲甚至可以断定为英国。以东印度公司作为媒介的东西方贸易，其带来的富有教育意义的影响在这些作品上清晰可见。本书的图版1（即本书的图59）即是具有法国样式的作品，上锁的结构具有明显的17世纪中期欧洲的风格。由于是双开门，左边门如何上锁这一问题在英国、法国直到18世纪才得以解决，而中国则是使用两个黄铜合页解决了这一问题——门的两边各有半个面叶，面叶上有锁鼻用来穿销。在西方人看来，这样的做法过于明显，甚至有点粗鲁。本书图版2（即本书的图60）左门上部的中国人物显示了这个橱柜的时代要早于清代。

本书图版5（即本书的图63）和图版6（即本书的图64）所展示的橱柜，在很多细节上有相似之处，比如两门之间有垂直立柱，立柱上安有第三个锁鼻，这样可以保证柜门关闭插上销后能保持紧闭。后面还有很多图版所示的其他家具也有类似的细节。

本书图版8（即本书的图66）所示家具有明显的清代早期风格，门板厚重且不注重家具的细节。在柜架的周围和挖出的底座牙板处起线，已经有了一些对于光影效果的尝试，这种尝试脱离了明代的传统风格，显示出了18世纪的特征。

清代早期制作的桌椅很明显受到了西方的影响。如图版23至图版26（即本书的图82至图85），都是基于英国样式，而图版26毫无疑问是受到了荷兰的影响；图版27（即本书的图86）的扶手椅背板式样是安妮女王[1]时期的典型样式，类似的实例还可参见图版41（即本书的图103、图104）；图版45右图（即本书的图112）的椅子，融合了17世纪英国椅子横连样式的同时，也注意到了台座较低的问题，靠背板则汲取了齐本德尔流派[2]的风格，当然其核心风格既不是齐本德尔，也不是马提亚·利，仍是来源于18世纪中期设计类图书中的中式风格；图版42（即本书的图105）左图的这件作品，明显是借鉴了荷兰样式的中国家具，这是每个家具学徒都能轻易看出来的。

---

[1] 安妮女王（Anne of Great Britain, 1665—1714），又译为安女王，斯图亚特王朝（1702—1714年在位）。——译者注

[2] 齐本德尔式风格（Chippendale）以伦敦著名家具制作者托马斯·齐本德尔的名字命名，融合了明式家具、哥特式家具和洛可可式家具的特点。——译者注

本书图版46（即本书的图113、图114）至图版48（即本书的图117、图118）所展示的鼓凳和几都是典型的中国风格。这种风格在几个世纪以来一直未曾改变，不光是漆器，陶瓷也是如此。

聪明的学生应该知道中国家具的造型装饰有很多值得学习的地方，中国风格的设计师将自己投身于艺术，来学习不同时期的作品，区分清代和更早时期的艺术风格，而掌握这些需要经历漫长的探索。对于想学习东方艺术风格的人们而言，中国不同时期的艺术已经极其容易混淆，更不要说区分中国、日本、韩国各自的艺术作品。理解这种缓慢发展的东方艺术需要经过繁杂的学习过程，但那些付出时间的人终将得到回报。即使最初难以理解，但将来必定会开阔和完善其艺术理念。而那些仅仅将目光局限于西方艺术自身的人，某种意义上恐怕是一无所成。

赫伯特·塞斯辛基
1922年8月

图59.黑漆螺钿乘槎①图柜。明代②。高205.7厘米，长119.7厘米，宽57.5厘米

---

① 亦为"乘楂"，为乘坐竹、木筏。——译者注
② 一说清代康熙时期。——译者注

图60.图59的局部

图61.图59的局部

图62.木嵌螺钿花卉纹方角柜。明代晚期。高193.7厘米,长99.7厘米,宽61.6厘米

图63.浮雕黑漆描金山水图顶箱柜①。明代②。高169.2厘米，长87厘米，宽42.5厘米

---

①顶箱柜创于明代后期，盛于清代。它由顶柜和底柜两部分组成，可以上下一起摆放，也可拆分开来左右摆放。
　明代的顶箱柜多由黄花梨木制成。——译者注
②一说为清代。——译者注

图64.浮雕黑漆描金柜。明代。高179.1厘米,长182.3厘米,宽59.4厘米

图65.红漆彩绘戗金①花鸟图柜。明代②。高224.8厘米，长175.9厘米，宽63.5厘米

---

①戗金，又称沉金、枪金，指在漆器上先用针或刀刻出细小的线槽，而后在线槽中贴以金箔仔细研磨，由此形成的
　金线纹饰。—— 译者注
②一说清代早期。—— 译者注

图66.黑漆螺钿牡丹纹顶箱柜。明代[1]。高149.2厘米，长88.9厘米，宽57.5厘米

①一说明代晚期清代初期。——译者注

图67.黑漆百宝嵌①花鸟图顶箱柜。明代②。高245.4厘米,长125.7厘米,宽62.2厘米

①百宝嵌指在螺钿镶嵌工艺的基础上,加入宝石、象牙、珊瑚以及玉石等珍贵材料形成的镶嵌工艺。该工艺出现
　于明代,清代之后迅速发展,成为了家具制作的重要镶嵌技术之一。—— 译者注
②一说清代早期。—— 译者注

图68.黑漆描金缠枝莲龙纹顶箱柜。明代①。高311.5厘米，长192.4厘米，宽82.2厘米

①一说清代康熙时期。——译者注

图69.黑漆螺钿山水人物图方角柜。明代^①。高157.5厘米，长121.6厘米，宽49.5厘米

---

①一说清代早期。——译者注

图70.黑漆螺钿花卉纹带翘头亮格柜①。明代②。高139.7厘米，长71.1厘米，宽36.8厘米

---

① 亮格是没有门的隔层，而柜则是有门的隔层，因此有亮格层的立柜统称亮格柜。——译者注
② 一说清代早期。—— 译者注

图71.浅黄漆添彩漆顶箱柜。清代。高278.8厘米，长144.5厘米，宽56.5厘米

西洋镜：中国古典家具图录

图72.褐漆添彩漆柜。清代。高99.7厘米，长149.2厘米，宽49.5厘米

图73.黑漆描金橱。清代。高142.2厘米，长77.5厘米，宽47.6厘米

图74.木质百宝嵌顶箱柜。清代。高259.1厘米，长141.6厘米，宽62.2厘米

图75.红漆描金山水人物图方角柜。清代康熙时期①。高204.5厘米，长113.7厘米，宽53.3厘米

———————————
①一说清代中晚期。—— 译者注

图76.红漆描金小柜。清代康熙时期。高79.1厘米,长63.5厘米,宽37.5厘米

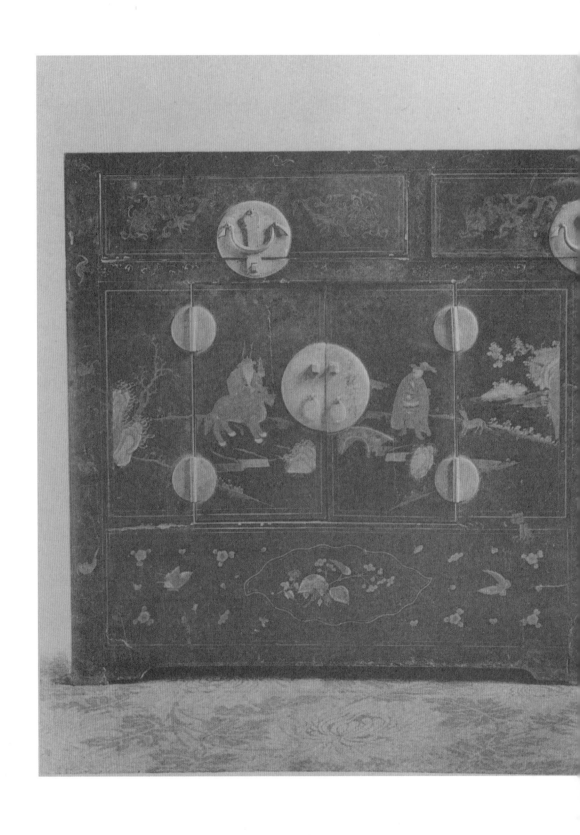

图77.黑漆描金彩绘职贡图连三柜橱①。清代乾隆时期。高95.6厘米，长189.9厘米，宽54.6厘米

①学名叫闷户柜，指柜子带有隐蔽的闷仓，无法从外面打开，只有卸下抽屉时才能露出其中的隐蔽空间，专用于存放贵重物品。连二、连三柜橱是北京匠师的叫法，以抽屉的数量而论。该种家居样式缺乏新意，用材也不讲究，因此很少被提及。—— 译者注

图78.红漆描金孔雀牡丹纹方角柜。清代乾隆时期。高156.2厘米，长114.9厘米，宽43.8厘米

图79.红漆浮雕描金柜。清代乾隆时期。高175.9厘米,长147.3厘米,宽59.4厘米

图80.黑漆螺钿牡丹纹箱。清代。高66.4厘米, 长89.2厘米, 宽58.4厘米

图81.黑漆彩绘百子图箱。清代中期。高35.6厘米,长89.2厘米,宽57.5厘米

图82.浅黄漆描红桌。明代。高87厘米，长111.8厘米，宽82.2厘米

图83.褐漆彩绘罗锅枨^①四面平条桌。明代^②。高84.1厘米，长127.6厘米，宽72.4厘米

①罗锅枨也叫桥梁枨，是明清家具的部件。常用于桌、椅类家具之下连接腿柱的横枨，因其中间高两头低、形似
　罗锅而得名。—— 译者注
②一说清代晚期。—— 译者注

图84.浅黄漆彩绘桌。明代。高585.1厘米，长185.4厘米，宽54.6厘米

西洋镜：中国古典家具图录

图85.褐漆螺钿桌。明代。高81.3厘米，长104.8厘米，宽75.2厘米

西洋镜：中国古典家具图录

图86.黑漆螺钿桌（右）。清代。高86.4厘米，直径124.8厘米。黑漆螺钿扶手椅（左）。清代。通高109.9厘米，长59.4厘米，宽47.6厘米。

图87.浅黄漆填彩漆方桌。明代。高85厘米，桌面边长95.9厘米

图88.黑漆平头案。明代或清代早期。高81.3厘米，长104.8厘米，宽75.2厘米

图89.黑漆螺钿方桌。清代。高87厘米，桌面边长92.1厘米

图90.浅黄漆彩绘桌。清代。高81.3厘米，长104.8厘米，宽75.2厘米

西洋镜：中国古典家具图录

图91. 浅黄漆彩绘桌。清代。高89.2厘米，长215.6厘米，宽152.4厘米

图92. 褐漆彩绘桌。清代康熙时期。
高80厘米，长114.9厘米，宽56.5厘米

西洋镜：中国古典家具图录

图93.黄漆彩绘桌。清代康熙时期。高86.4厘米，长257.2厘米，宽61.6厘米

图94.图93局部

图95.褐漆彩绘案。清代康熙时期。高95.9厘米，长311.5厘米，宽66.4厘米

图96.如意足褐漆描金长方桌。清代康熙时期。高85.1厘米，长119.7厘米，宽37.5厘米

图97.浅黄漆描金彩绘桌。清代康熙时期。高83.2厘米，长139.7厘米，宽44.5厘米

图98.图97的桌面

图99.黑漆螺钿圆足腿炕桌。明代。高25.7厘米，长95.3厘米，宽63.5厘米

图100. 红漆彩绘罗汉床。清代。通高109.8厘米，长233.4厘米，宽139.7厘米

西洋镜：中国古典家具图录

图101.七屏黑漆罗汉床。清代康熙时期。通高104.8厘米，长223.5厘米，宽131.4厘米

图102.黑漆雕刻大扶手椅。清代康熙时期。通高122.6厘米，长125.7厘米，宽78.1厘米

图103.红漆彩绘戗金螭龙纹灯挂椅①。明代②。通高119.4厘米，长57.5厘米，宽43.8厘米

---

①灯挂椅是历史悠久的中国传统家具，出现于五代时期，是靠背椅的一种款式，搭脑两端挑出，形似南方灶壁上承
　托油灯灯盏的竹制灯挂，是明代最普遍的椅子样式。—— 译者注
②一说清代中期。—— 译者注

图104.红漆彩绘戗金龙纹四出头官帽椅①。明代②。通高121.3厘米，长69.2厘米，宽54.6厘米

①因形似古代官员的官帽而得名，有南官帽椅和四出头式官帽椅两种。—— 译者注
②一说清代康熙时期。—— 译者注

图105.红漆彩绘戗金勾云纹腰圆形扶手椅。清代雍正时期。通高74.3厘米，长49.5厘米，宽36.8厘米

图106.红漆彩绘扶手椅。清代康熙时期。通高95.9厘米,长66.4厘米,宽52.7厘米

图107.黑漆描金扶手椅。清代康熙时期。通高103.8厘米，长82.2厘米，宽56.5厘米

图108.黑漆描金扶手椅。清代康熙时期。通高102.9厘米，长81.3厘米，宽66.4厘米

图109.书卷背板黑漆描金扶手椅。清代康熙时期。通高92.1厘米，长53.3厘米，宽46.4厘米

图110.黑漆描金扶手椅。清代乾隆时期。通高95.3厘米，长59.4厘米，宽45.7厘米

西洋镜：中国古典家具图录

图111.黑漆描金扶手椅。清代康熙时期。通高99.7厘米，长61.6厘米，宽47.6厘米

图112.黑漆描金椅。清代乾隆时期。通高103.8厘米,长51.4厘米,宽42.5厘米

西洋镜:中国古典家具图录

图113.红漆彩绘戗金螭龙纹梅花形绣墩[1]。清代康熙时期。直径36.8厘米，高45.7厘米

---

[1]绣墩又称坐墩，是中国传统家具之一，圆形，腹部大，上下小，因形似古代的鼓，因而又叫鼓墩或鼓凳。—— 译者注

图114.红漆描金西番莲纹葵花形绣墩。清代康熙时期。直径43.8厘米，高46.4厘米

图115.黑漆描金绣墩。清代康熙时期。直径34.6厘米,高49.5厘米

图116. 红漆描金灯架。
清代康熙时期。高219.7厘米

图117.浅黄漆描红几。明代。高94厘米，直径51.4厘米

图118.黑漆描红花几①。清代乾隆时期。高88.3厘米，宽36.8厘米

①花几又称花架或花台，专门用于陈设花卉盆景，除了少数体形较矮小外，大都比一般桌案高，形状有方形、圆
　形、六角、八角。——译者注

图119.黑漆款彩五伦图围屏（十二扇）。明代^①。高269.2厘米，长599.4厘米

①一说清代康熙时期。—— 译者注

图120.图119的另一部分

图121.图119的另一部分

图122.黑漆款彩汉官秋月图围屏（十二扇）。清代康熙时期。高184.2厘米，长574.7厘米

图123.图122的另一部分

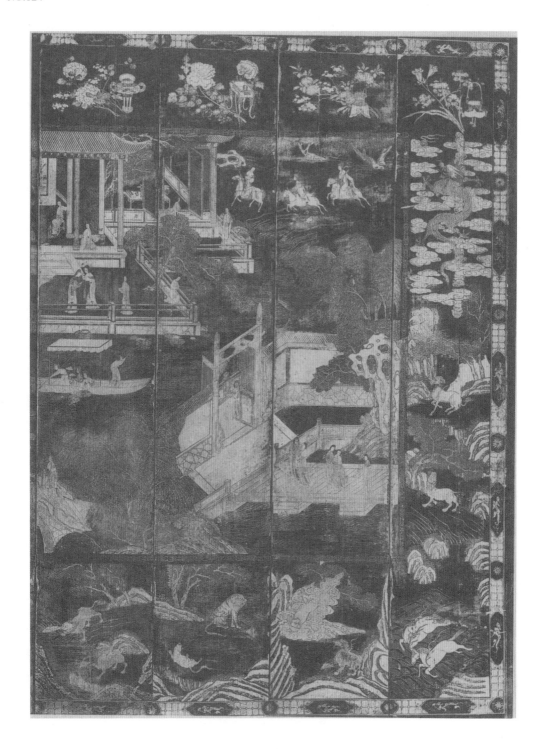

图124.图122的另一部分